# Dangao Biaohua
## Jichu Mijue

# 蛋糕裱花
## 基础秘诀

主编 陈 臻

so easy!

零技巧，
零经验。

U0332660

辽宁科学技术出版社
·沈阳·

本书编委会

主　编　陈　臻

编　委　李玉栋　宋敏姣　李　想

## 图书在版编目（CIP）数据

蛋糕裱花基础秘诀 / 陈臻主编 .—沈 阳：辽宁科学
技术出版社，2015.9（2019.8）重印
　　ISBN 978-7-5381-9395-4

　　Ⅰ . ①蛋… Ⅱ . ①陈… Ⅲ . ①蛋糕—糕点加工 Ⅳ.
① TS213.2

中国版本图书馆 CIP 数据核字（2015）第 192480 号

出版发行：辽宁科学技术出版社
　　　　　　（地址：沈阳市和平区十一纬路 29 号　邮编：110003）
印 刷 者：辽宁新华印务有限公司
经 销 者：各地新华书店
幅面尺寸：210mm×285mm
印　　张：6
字　　数：150 千字
出版时间：2015 年 9 月第 1 版
印刷时间：2019 年 8 月第 5 次印刷
责任编辑：王玉宝　湘　岳
封面设计：多米诺设计·咨询　吴颖辉　龙　欢
版式设计：湘岳图书
摄　　影：张　杨
责任校对：合　力

书　　号：ISBN 978-7-5381-9395-4
定　　价：36.00 元
联系电话：024-23284376
邮购热线：024-23284502

本书从奶油霜的分类和制作方法开始谈起，介绍了十多款基础花边的裱法和二十多款不同的花型，每一款都配有较为详细的步骤图片和文字的动作分解讲解，希望能为国内的奶油霜裱花爱好者提供一定的帮助。同时，在本书各种花型、配色和装饰布局的章节中制作了多款蛋糕作为示范，目的在于让大家更直观地理解书中的文字内容，为大家提供创作的灵感。

从去年7月份开始撰写文字内容和拍摄图片，到本书正式与大家见面，中间经历了一年多。在这段时间里，要感谢的人太多太多，自己也付出了太多太多。这本书就像是我的孩子一样，非常的珍贵宝贝。因为我还在不断的学习中，所以她还不尽善尽美，但只要能帮到国内众多奶油霜裱花爱好者，我就心满意足了。

最后，我想对所有奶油霜裱花爱好者说：裱花，不可能一蹴而就，不论是看书学习还是拜师学艺，在你掌握了正确方法和技巧后都需要经历长时间枯燥的、反复的练习，才能达到你想要的结果。不付出就想获得回报，在裱花的路上是行不通的，大家加油！

陈臻

第一章

认识奶油霜

## 第一节 什么是奶油霜

　　奶油霜(英文 buttercream)，也叫黄油糖霜，在国外早已被广泛应用于西点夹馅、蛋糕装饰、蛋糕裱花中。奶油霜熔点更高，更加稳定，比动物奶油更适合裱花。裱出的花朵富有光泽，生动逼真，整体效果非常精致。奶油霜的主要配料是黄油，很多亚洲人其实不太习惯它的口感，随着配方的不断改良和原料的不断升级，奶油霜也能有比较轻盈的口感。建议做奶油霜的黄油选用口感较好的发酵黄油，推荐品牌：伊斯尼、总统、铁塔、金装多美鲜，其中伊斯尼口感最好，金装多美鲜颜色最白，最适合调色。

总统黄油卷

多美鲜金装发酵黄油

## 第二节 奶油霜的分类和制作方法

　　奶油霜按照制作方法分类可以分为：英式奶油霜、法式奶油霜和意式奶油霜。

### ■英式奶油霜

材料：
黄油 250 克、糖粉 75 克、牛奶 40 克

特点：
英式奶油霜制作过程简单，但口感较厚重、油腻，不适合亚洲人的饮食习惯和口味。

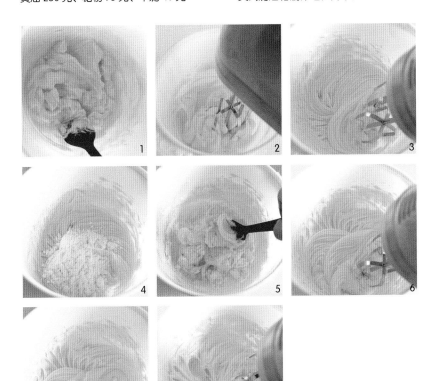

**制作过程**

1. 待黄油室温软化至能按动的状态，用电动打蛋器中速打至顺滑，不要打发。（图1~图3）

2. 加入糖粉，先手动搅拌均匀再开机，避免糖粉飞溅，将糖粉完全打匀。（图4~图6）

3. 加入牛奶（常温），搅打均匀即可。（图7、图8）

## ■法式奶油霜

材料：

黄油 250 克、细砂糖 50 克、牛奶 100 克、蛋黄 3 个

特点：

法式奶油霜用蛋黄制作更加香浓，质地非常细腻，是最好吃的奶油霜，缺点是颜色偏黄不好调色，不过用法式奶油霜做各种西点夹馅是不错的选择。

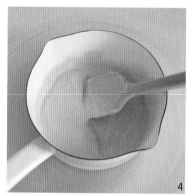

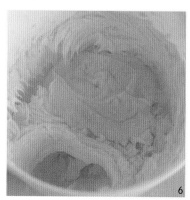

### 制作过程

1. 待黄油室温软化至能按动的状态，用电动打蛋器中速打至顺滑，不要打发。（图1）

2. 将蛋黄、细砂糖、牛奶混合搅拌均匀。（图2）

3. 接着用小火加热至浓稠，加热过程中不停地搅拌，加热至能划出纹路立即离火，注意不要加热过头，否则蛋黄糊容易结块，不顺滑。（图3）

4. 离火后将锅坐入冰水中降温冷却，避免余温继续加热。（图4）

5. 将冷却的蛋黄糊过筛2次，使其更加细腻。（图5）

6. 将蛋黄糊分3次加入打顺滑的黄油中，每一次都要完全搅打均匀后再加下一次。（图6）

7. 加完最后一次蛋黄糊后，彻底搅打至均匀顺滑即可。（图7）

材料：

## ■意式奶油霜

材料：

A. 细砂糖 56 克、水 28 克、盐 2 克

B. 蛋清 78 克、细砂糖 8 克

C. 黄油 250 克

特点：

　　意式奶油霜口感比较轻盈，亚洲人更容易接受，配方中加入盐起到解腻的作用。由于意式奶油霜用蛋清制作，如果使用金装多美鲜黄油的话，颜色会比较白，更适合裱花调色。

注意：油水分离的状态有点像豆腐渣状，出现的原因是黄油与意式蛋白霜之间有明显的温差，并且蛋清是水性，黄油是油性，不会立即融合，只要持续低速打发，1分钟左右就会完全融合。

## 制作过程

1. 将材料C从冷藏柜中取出，切成小块，无须软化（过软的黄油会使做出来的奶油霜太软，不适合裱花）。（图1）

2. 将材料B混合，中速打发至湿性发泡。（图2）

3. 将材料A混合，小火加热，达到118℃时离火。（图3）

4. 将加热后的材料A匀速倒入打发好的蛋清中，同时高速打发降温至温热（约40℃）。（图4、图5）

5. 将切成小块的材料C分3次加入打好的蛋白霜中，低速打发，每一次都要完全搅打均匀后再加下一次。如果没有搅打均匀就加下一次黄油，容易出现油水分离的状态，尤其是第二次加入黄油后，需要搅打的时间稍微长一点。如果出现油水分离的状态，不要担心，只需要持续搅打至完全融合即可。如果1分钟后还是油水分离，可以将奶油霜隔50℃热水继续打发，很快就会融合。（图6~图11）

6. 做好的奶油霜需要用橡皮刮刀压拌几分钟，消除气泡，光滑细腻的状态更适合裱花。（图12）

## ■黄油奶酪霜

材料：

黄油 450 克、奶油奶酪 250 克、糖粉 80 克、盐 2 克

特点：

个人认为黄油奶酪霜口感比前面 3 种奶油霜都好，但黄油奶酪霜状态比较软而黏，适合裱花技术比较熟练的朋友使用。

制作过程

1. 待黄油、奶油奶酪软化至可以按动的状态。（图1）

2. 将黄油和奶油奶酪混合在一个打蛋盆里。（图2）

3. 用电动打蛋器初步打匀。（图3）

4. 加入糖粉和盐。（图4）

5. 搅打至均匀顺滑即可。（图5）

# 第三节　奶油霜的状态调节和储存

由于奶油霜的主要配料是黄油，其状态调节完全依靠温度，遇热变软，遇冷则变硬。裱花时手的温度就会让奶油霜变软，所以手温高的朋友裱花时最好戴一只棉线手套。过软的奶油霜不再适合裱花，可以将其集中回收，搅拌均匀后重新放回冰箱冷藏，直到奶油霜变硬至可以裱花的状态，如果盆边的奶油霜变得很硬了，可以用电动打蛋器搅打片刻后再用橡皮刮刀压拌几次消除气泡，使奶油霜质地更加均匀细腻。冬天室温较低，奶油霜在室温中就会变硬，变硬的奶油霜同样不适合裱花，可以将奶油霜隔 50℃ 左右的温水搅拌，让它变软后再用。

奶油霜裱花除了需要熟练的技术和恰到好处的力度控制，奶油霜的状态把握也非常重要，奶油霜气泡过多，裱出的花朵没有光泽，花瓣上有很多气泡；奶油霜状态太硬，裱出的花瓣容易断裂，边缘容易出现锯齿；奶油霜太软，

裱出的花朵没有立体感，花瓣厚，层次不分明。通常，平面花朵如五瓣花、月见草、雏菊、虞美人等，以及所有的花边需要中等硬度的奶油霜。叶子需要中等偏软的奶油霜，如果奶油霜太硬，挤出的叶子末端会分叉。立体花朵如玫瑰、奥斯汀、牡丹等需要中等偏硬的奶油霜，奶油霜太软，花的底盘不稳，容易倒，花瓣也立不起来。

用于练习的奶油霜一般冷藏保存，一两个月都没有问题，可以反复使用。练习完后放入冰箱冷藏，下次要用时提前拿出来，在室温下回温到可以按动的状态，用电动打蛋器搅打顺滑，再用橡皮刮刀压拌几次消除气泡，即可使用。如果是用于食用的奶油霜一次没有用完，建议冷冻保存，一个月内使用完毕，如果冷藏保存，1~2 周用完。因为奶油霜放置时间太长容易变味，黄油的膻味会释放出来，越差的黄油膻味越大，影响口感。

第二章

基础花嘴
运用

## 第一节　花嘴品牌的选择

目前市面上比较有名的花嘴品牌有惠尔通Wilton（美国）、PME（英国）、三能（中国台湾），前两个价格较贵，一个花嘴通常在15~35元。三能的花嘴价格比较亲民，质量和做工也不错。本书所有花型和花朵大部分是用三能花嘴做的，只有少量是使用Wilton花嘴做的。关于花嘴是否需要买套装，有的朋友觉得买套装可以一次到位，不用日后发现有缺的再配，但套装花嘴中经常用到的花嘴不过十来个。所以我建议裱花新手没有必要一开始就买套装花嘴，刚开始练习的时候将本书介绍的花嘴买齐就足够了。本书所使用的花嘴全部为小号和中号，家庭烘焙中大号花嘴基本很少用到，不推荐购买。

## 第二节　常用花嘴介绍

常用的花嘴主要分为五大类：圆形嘴、齿形嘴、玫瑰嘴、叶子嘴、花篮嘴，这些不同形状的花嘴都分大中小号，同样形状的大中小号花嘴挤出来的花，除了有大小区别外，没有其他区别，花嘴的大小要根据蛋糕的大小来选择。本书只介绍Wilton和三能的花嘴，PME的花嘴不作介绍，在本章第三节中将会具体介绍以下部分花嘴的运用和花型。

| | 三能 | Wilton |
|---|---|---|
| 圆形嘴： | 7061 7064 | 1　5　8 |
| 齿形嘴： | 7085 7092 | 2D 363 |
| 玫瑰嘴： | 7028 7029 | 101 104 |
| 叶子嘴： | 7172 | 352 |
| 花篮嘴： | 7031 7032 | 47 |

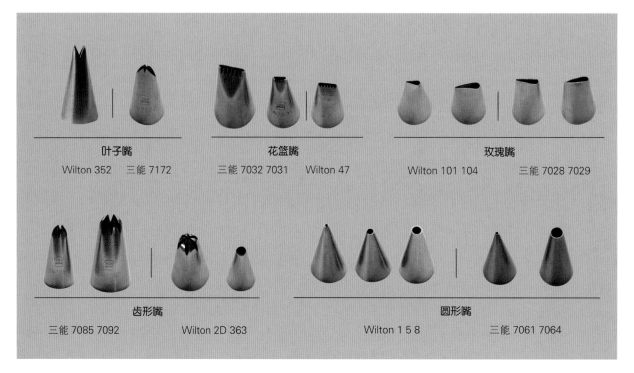

叶子嘴
Wilton 352　三能 7172

花篮嘴
三能 7032 7031　Wilton 47

玫瑰嘴
Wilton 101 104　三能 7028 7029

齿形嘴
三能 7085 7092　Wilton 2D 363

圆形嘴
Wilton 1 5 8　三能 7061 7064

## 第三节 裱花袋和花嘴转换器的使用方法

奶油霜裱花使用到的花嘴较多，所以大家要学会使用花嘴转换器，这样可以节省很多时间。

花嘴转换器分为两个部分，长一点的部分是装在裱花袋里面的，短一点的部分是拧在裱花袋外面的。

   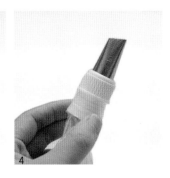

1. 将裱花袋剪一个口，口的宽度与转换器长一点的那端底部宽度差不多。不能太小或太大，太小转换器出不来，太大转换器容易在裱花的过程中被挤出来。（图1）

2. 将花嘴转换器长一点的那端装入裱花袋中。（图2）

3. 将要用的花嘴套在转换器口。（图3）

4. 将转换器短一点的那端穿过花嘴拧紧即可。（图4）

## 第四节 花嘴改造

本节只介绍玫瑰花嘴的改造，其他花嘴不需要进行改造。

花嘴改造一般要用比较软而薄的花嘴，以 Wilton 104（中国产）为例，用尖嘴钳将宽头略微夹扁即可，注意夹的时候钳子在花嘴两侧用力，不要破坏花嘴口，否则挤出的花瓣会有痕迹或锯齿，不够顺畅。

韩国产的 Wilton 花嘴和三能的花嘴材质比较硬，不适合改造。

经过改造后的花嘴挤出的花瓣薄而通透，层次感分明。本书奶油霜花卉部分所用到的玫瑰花嘴就是经过改造的 Wilton 104（中国产），作品有些使用 Wilton 104，有些使用三能 7028，都会有详细的标注，效果略有不同，大家可以根据自己的需要来选择。

## 一、圆嘴

本书用圆嘴裱的花边和装饰有5种，分别是珍珠、水滴、爱心、蝴蝶结和蕾丝，用到的花嘴有3个：三能7064、7061和Wilton 8。

### ■珍珠

花嘴：三能7064

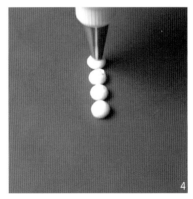

### 制作过程

1. 花嘴垂直，距离裱花板约0.5cm，匀速用力挤出一个小圆球。（图1、图2）

2. 当大小合适的时候立即收力，用花嘴在小圆球上轻轻地转几圈，将小圆球表面抚平。（图3~图6）

注意：花嘴与裱花板之间的距离要合适，太矮珍珠挤出来很扁不立体，太高挤出来是圆柱体。挤圆球的时候用力要一次到位，不能挤一下停一下，否则圆球上会留下痕迹。花嘴的高度是固定不动的，不要一边挤一边往上提。挤到自己需要的大小时，一定要完全收力，否则圆球的顶部不光滑，容易出现小尖。

# ■水滴

花嘴：三能 7064

## 制作过程

1. 花嘴倾斜45°，与裱花板直接接触，匀速用力挤出一个球形。（图1、图2）

2. 花嘴的位置保持不动，当大小合适时稍微收力，轻而快地向后拖出一个尖尖的小尾巴，看上去像一个水滴的形状。（图3~图6）

注意：挤出球形后收力并不是完全收力，只是用力比之前要小很多，如果完全收力，水滴尾部的尖是拖不出来的，也不能用力太大，否则尾部会很粗，最合适的力度需要大家在练习的时候摸索和体会。

## ■爱心

花嘴：三能 7061

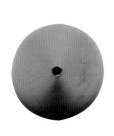

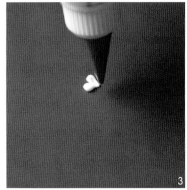

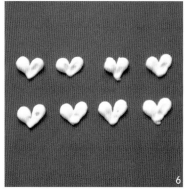

### 制作过程

1. 花嘴垂直，距离裱花板约 0.2cm，匀速用力挤出一个小圆球。（图1）

2. 当大小合适时稍微收力，迅速向右下方 45° 的方向拖出一个尖尖的小尾巴。（图2）

3. 在相对的地方再挤一个大小相同的小圆球，略微收力迅速向左下方 45° 的方向拖出一个尖尖的小尾巴，两个小水滴组成了一个小爱心。（图3~图6）

■蝴蝶结

花嘴：三能 7061

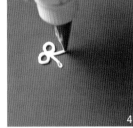

1. 花嘴垂直，距离裱花板约 0.2cm，画一个横着的"8"。（图1~图3）

2. 从"8"中间交叉的地方开始朝左右下方画出蝴蝶结的两条飘带。（图4~图6）

■蕾丝

花嘴：三能 7061

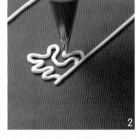

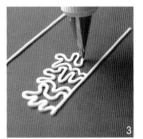

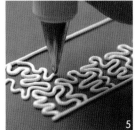

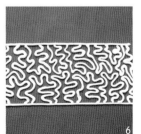

制作过程

1. 花嘴垂直，距离裱花板约 0.2cm，画两条平行的直线。（图1）

2. 从一边的直线开始画出不规则的曲线，再回到这条直线，依次画满，所有的曲线都不能重叠。（图2~图6）

注意：如果是在蛋糕的圆周上画蕾丝，则需以蛋糕的圆周作为起始边缘。

## 二、齿形嘴

本书用齿形嘴裱的花边和装饰有 4 种，分别是星星、贝壳、旋转玫瑰和绳索，用到的花嘴有 2 个：三能 7085 和三能 7092，二者区别是一个是 6 齿，一个是 8 齿。

■星星
花嘴：三能 7092

花嘴垂直，距离裱花板约 0.5cm，均匀用力挤出饱满而挺立的花纹。（图1~ 图5）

注意：
1. 挤到合适大小的时候要及时收力，并且挤的过程中不要停顿或断断续续，也不要将花嘴边挤边提。
2. 用几齿的花嘴挤出的星星就是几齿的，做星星花的时候无需拘泥用几齿花嘴，只要大小合适都可以，做出来的效果差别不大，只是齿数的区别。

  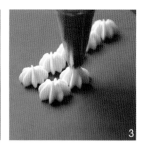

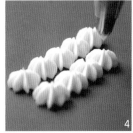 

■贝壳
花嘴：三能 7092

制作过程

花嘴倾斜 45°，与裱花板直接接触，匀速用力，花嘴略微往正前上方运动，再向下运动，当大小合适时稍微收力，轻而快地向后拖出一个尖尖的小尾巴，看上去像一个贝壳的形状。（图 1~ 图6）

注意：挤出贝壳的头部后收力并不是完全收力，只是用力比之前要小很多，如果完全收力，贝壳尾部的尖是拖不出来的，也不能用力太大，否则尾部会很粗，最合适的力度需要大家在练习的时候摸索和体会。

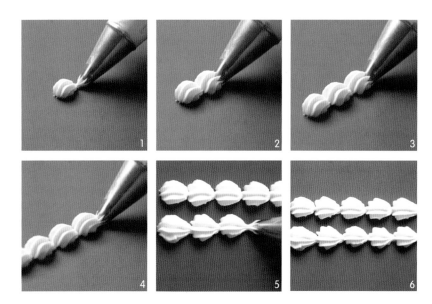

## ■旋转玫瑰
花嘴：三能 7092

1. 花嘴垂直，距离裱花板约0.5cm，起始时与挤星星花的方法一样。（图1）

2. 待花纹刚刚接触裱花板时，立即顺时针或逆时针运动花嘴，并持续匀速用力，紧贴着起始时挤出的花纹绕一圈，当花嘴重新回到起始位置时收力并轻而快地收尾，收尾是尖的，干净利落。（图2~图6）

注意：花嘴运动的方向可以根据自己的习惯来，顺时针或逆时针都可以，绕圈的时候一定要紧贴着起始的花纹，切不可绕太大的圈，中间尽量不要留空隙。

## ■绳索
花嘴：三能 7092

制作过程

1. 花嘴倾斜45°，距离裱花板约0.5cm，均匀用力挤出花纹。（图1）

2. 待花纹刚刚接触裱花板时，立即从下往上运动绕一圈，再从上往下运动，同时向后推移。（图2~图6）

注意：绕圈和向后的动作须同时进行，以便挤出密集的螺旋绳索状花纹。

# 三、玫瑰嘴

本书用玫瑰嘴裱的花边和装饰有 3 种，分别是褶皱、波浪和立体蝴蝶结，用到的花嘴有 3 个：Wilton 104 改造版、三能 7028 和 7029。

## ■褶皱

花嘴：Wilton 104 改造版

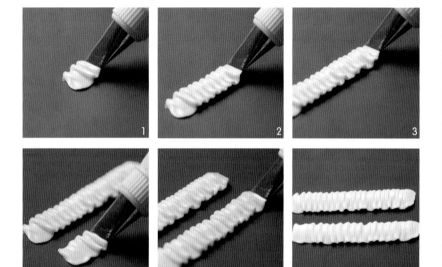

1. 花嘴倾斜 45°，距离裱花板约 0.5cm，花嘴宽头朝外，窄头朝自己，均匀用力的同时轻微而自然地抖动。（图1）

2. 抖动的同时向后慢慢推移，形成自然的褶皱花边。（图2~图6）

注意：抖动的动作一定要自然，不要过于刻意，否则做出的花边也会很不自然。

## ■波浪

花嘴：Wilton 104 改造版

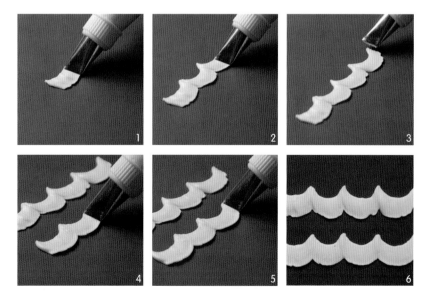

花嘴倾斜 45°，与裱花板直接接触，花嘴宽头朝外，窄头朝自己，均匀用力的同时重复做半圆弧形运动。（图1~图6）

注意：每个弧形波浪的宽度和高度要基本保持一致。

## ■立体蝴蝶结

花嘴：Wilton 104 改造版

1. 花嘴朝自己的方向倾斜45°，与裱花板直接接触，花嘴宽头接触裱花板，窄头朝上，均匀用力的同时画一个横着的"8"字。（图1~图4）

2. 持续保持这个动作，从8字的中间部位出发朝左右两边分别画出蝴蝶结的2根飘带。（图5~图7）

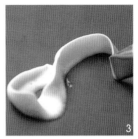
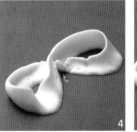

## 四、叶子嘴

叶子嘴顾名思义就是用来裱叶子的，用到的花嘴为 Wilton 352。

### ■叶子

花嘴：Wilton 352

**制作过程**

1. 花嘴倾斜45°，与裱花板直接接触，花嘴 V 形开口朝左右两侧，均匀用力的同时保持花嘴不动，持续约2秒钟，待叶子底部挤到合适的大小时，慢慢提起花嘴，并渐渐收力。（图1、图2）

2. 快速提起收尾，形成叶子末端的尖角。（图3~图6）

注意：收尾时动作要轻快干脆，这样叶子的末端才能形成尖角，如果动作太慢，叶子的末端容易出现分叉。

# 五、花篮嘴

用来装饰蛋糕侧面，做出编织花篮纹的效果，用到的花嘴有 3 个：三能 7032（宽）、三能 7031（窄）和 Wilton47（窄）。

### ■花篮纹
花嘴：三能 7032

 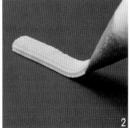 

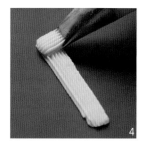 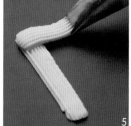 

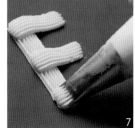 

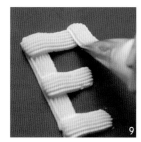 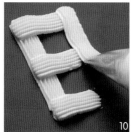 

## 制作过程

1. 花嘴朝自己的方向倾斜 45°，距离裱花板 0.5cm，均匀用力向下挤一条垂直的线条。（图1~图3）

2. 在这条竖线的起始处挤一条横线，下一条横线距离上一条横线的宽度等于花嘴的宽度。（图4~图8）

3. 将横线挤完后再挤竖线，竖线要盖住横线的末端。（图9~图11）

4. 继续在空隙处挤横线。（图12~图15）

5. 以此类推，按照竖线、横线、竖线、横线（横线插空挤）的规律就可以做出整齐的花篮纹了。（图16~图23）

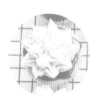

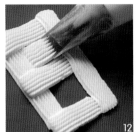

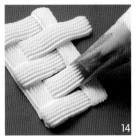

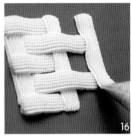

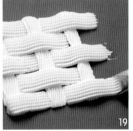

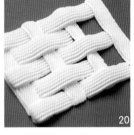

■戚风蛋糕

材料:

油 30 克、水或牛奶 35 克、
低筋面粉 45 克、蛋黄 3 个、
蛋清 3 个、白砂糖 40 克

## 制作过程

1. 将油和水混合（油必须是无味的）。（图1）

2. 用手动打蛋器将油和水搅拌至乳化发白。（图2）

3. 筛入低筋面粉。（图3）

4. 用手动打蛋器朝一个方向搅拌至看不到干粉。（图4~图6）

5. 加入 3 个蛋黄。（图7）

6. 依照之前的方向将蛋黄与面糊搅拌均匀。（图8）

7. 搅拌好的面糊光滑细腻，有流动性，滴落的面糊1秒钟之内消失。（图9）

8. 用电动打蛋器中速（5挡的打蛋器用3挡）打发蛋清至粗泡（此时开始预热烤箱）。（图10、图11）

9. 加入 1/3 白砂糖。（图12）

10. 继续中速打发蛋清至细泡。（图13、图14）

11. 再加入 1/3 白砂糖。（图15）

12. 同时将打蛋器降低1挡(用2挡)，持续打发。（图16）

13. 蛋清打至可流动的湿性发泡状态时，加入剩下的全部白砂糖。（图17、图18）

14. 同时将打蛋器降至低速（1挡），持续打发。（图19）

15. 将蛋清打至干性发泡，提起打蛋头，打蛋头和盆里的蛋清都是挺立的小短尖状态，蛋清泡沫细腻稳定。（图20）

16. 取1/3蛋清加入蛋黄糊中。（图21）

17. 用手动打蛋器从下往上翻拌面糊。（图22）

18. 粗略拌匀后，将面糊倒回剩下的2/3蛋清中。（图23）

19. 继续用手动打蛋器从下往上翻拌。（图24）

20. 感觉面糊差不多拌匀后换橡皮刮刀，从底部翻起面糊，检查是否还有没有拌匀的蛋清。（图25）

21. 将面糊完全拌匀后入模。（图26）

22. 从20cm高的地方将模具摔2次，震出大气泡。（图27）

23. 模具放在烤箱中下层，烘烤温度150℃，时间50分钟左右。完全烤熟出炉后重摔模具，震出热气。（图28）

24. 立即倒扣。（图29）

25. 完全冷却后脱模。（图30）

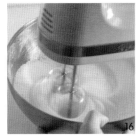

戚风蛋糕的蛋白需要打到干性发泡，才能保证蛋糕组织蓬松，出炉后不回缩塌陷。干性发泡的蛋清中充满了细腻的气泡，充入的空气越多蛋糕长得越高，这就不难解释为什么有些戚风蛋糕在烘烤过程中会开裂。戚风蛋糕轻微开裂并不是失败，说明蛋清打得好，蛋糕长得高，口感更蓬松。如果要追求不开裂的戚风，只需要把蛋白少打发一会儿，烘烤温度降低一点即可。

## ■柠檬磅蛋糕

材料：

黄油 100 克、糖粉 90 克、
鸡蛋 100 克、柠檬汁 30 克、
低筋面粉 150 克、泡打粉 3 克

### 制作过程

1. 黄油软化至能按动的状态。
   （图1）

2. 用电动打蛋器高速打发 2 分
   钟，直到颜色变白、体积增加。
   （图2、图3）

3. 加入糖粉，先用橡皮刮刀拌
   匀，用电动打蛋器高速打发
   至糖粉完全融入黄油后，再
   加打 1 分钟左右。（图4~图6）

4. 鸡蛋如果是冰的需要提前回
   温，将鸡蛋分 2 次加入黄油
   中，每次都要完全搅打均匀
   后再加下一次，避免油水分
   离。（图7、图8）

5. 加入柠檬汁（常温），用电
   动打蛋器高速搅打均匀。（图
   9、图10）

 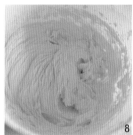 

6. 低筋面粉和泡打粉混合过筛，
   倒入黄油中，用橡皮刮刀翻
   拌切拌均匀，不要画圈搅
   拌或过度压拌。（图11、图
   12）

7. 用裱花袋将面糊挤入模具，
   约七八分满。（图13）

8. 烤箱提前预热，实际温度
   170℃，20~25 分钟，表面均
   匀上色即可。（图14）

  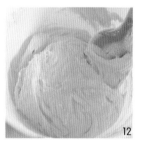

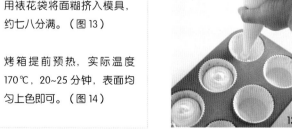 

花嘴介绍：示例所用花嘴为 Wilton 104 改造版，还可以用三能 7028 和三能 7029。

注意：
一共 5 片花瓣，每一片花瓣都是从裱花钉的圆心出发，不要偏离，否则花的中间会出现空隙。

## 制作过程

1. 花嘴倾斜 45°，宽头朝自己，窄头朝外，以裱花钉的圆心为出发点，右手均匀用力的同时，左手转动裱花钉。（图1）

2. 待花瓣边缘出现弧度并且宽度约为圆周的 1/5 时，右手微微收力的同时迅速向下收尾，完成 1 片花瓣。（图2）

3. 依次裱出 5 片花瓣，每 1 片花瓣都是紧贴着前 1 片花瓣，没有重叠的部分。（图3~图6）

4. 最后用三能 7061 点上花心。（图7、图8）

# ✿ 月见草

花嘴介绍：示例所用花嘴为 Wilton 104 改造版，还可以用三能 7028 和三能 7029。

注意：
月见草的花瓣呈心形，一共 5 片花瓣，每一片花瓣都是从裱花钉的圆心出发，不要偏离，否则花的中间会出现空洞。

## 制作过程

1. 花嘴倾斜45°，宽头朝自己，窄头朝外，以裱花钉的圆心为出发点，右手均匀用力的同时，左手转动裱花钉。（图1）

2. 待花瓣边缘出现弧度并且宽度约为圆周的1/10时，右手略向下再向上。（图2）

3. 左手继续转动裱花钉，再挤出对称的另一半花瓣，右手微微收力的同时迅速向下收尾，完成1片花瓣。（图3）

4. 依次裱出剩下的4片花瓣，每一片花瓣都是紧贴着前一片花瓣，没有重叠的部分。（图4~图6）

5. 最后用三能7061点上花心。（图7、图8）

## ✤ 三色瑾

花嘴介绍：示例所用花嘴为 Wilton 104 改造版，还可以用三能 7028 和三能 7029。

### 制作过程

1. 花嘴倾斜 45°，宽头朝自己，窄头朝外，以裱花钉的圆心为出发点，右手均匀用力的同时，左手转动裱花钉。（图 1）

2. 连续挤出有 3 个弧度的 1 片花瓣，右手微微收力的同时迅速向下收尾，完成上面的 1 片花瓣。（图 2~ 图 4）

3. 将裱花钉旋转 180°，再连续挤出有 2 个弧度的第 2 片花瓣，起始和收尾处将第 1 片花瓣盖住一点。（图 5~ 图 7）

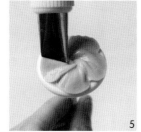

4. 再将花嘴略微立起，在这 2 片花瓣重叠的地方挤出 2 片对称的小花瓣。（图 8~ 图 10）

5. 最后用三能 7061 画一个蝴蝶结形状的花心。（图 11~ 图 15）

花嘴介绍：示例所用花嘴为 Wilton 104 改造版，还可以用三能 7028 和三能 7029。

注意：
一共 12 片花瓣，每一片花瓣都是从裱花钉的圆心出发，不要偏离，否则花的中间会出现空洞。

1. 花嘴倾斜45°，宽头朝自己，窄头朝外，以裱花钉的圆心为出发点，右手均匀用力的同时，左手转动裱花钉，待花瓣边缘出现弧度并且宽度约为圆周的1/12时，右手微微收力的同时迅速向下收尾，完成1片花瓣。（图1）

2. 以此类推，裱出剩下的花瓣，每一片花瓣都是紧贴着前一片花瓣，没有重叠的部分。（图2~图7）

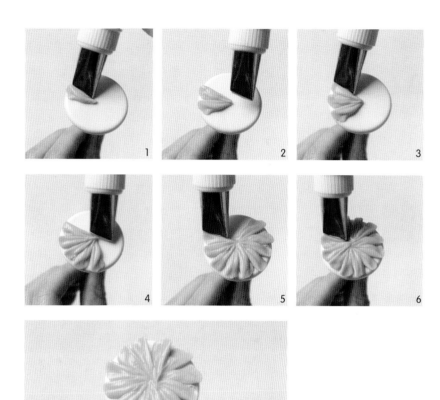

3. 最后用三能7061挤出一个大的圆球，再将它点满小圆点。（图8~图12）

花嘴介绍：示例所用花嘴为 Wilton 81。

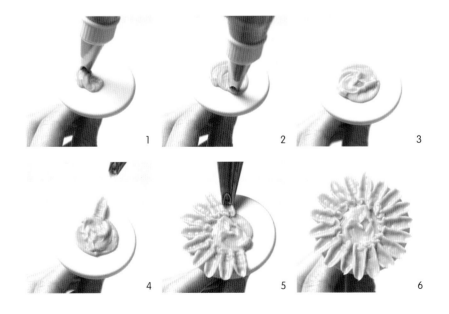

## 制作过程

1. 花嘴垂直，首先挤出一个圆形的底。(图1~图3)

2. 再将花嘴倾斜45°，沿着圆底的边缘向外拉出花瓣，注意用力要均匀，否则花瓣会长短不一。(图4~图6)

3. 挤完第1圈花瓣后，再挤第2圈花瓣，起始位置略往内一点，花瓣略短一点。（图7、图8）

7

8

4. 挤第3圈花瓣的时候花嘴略竖起来一点，起始位置再往内一点，花瓣比前2圈要立一点，更短一点。（图9、图10）

9

10

5. 挤第4圈花瓣的时候花嘴垂直，花瓣是完全直立的，长度最短。（图11、图12）

11

12

6. 最后用三能7061挤出一个大的圆球，再将它点满小圆点。（图13~图16）

13

14

15

16

## ✳ 向日葵

花嘴介绍：示例所用花嘴为 Wilton 352。

### 制作过程

1. 花嘴垂直，首先挤出一个圆形的底。（图1、图2）

2. 再将花嘴倾斜45°，V形开口朝两侧，沿着圆底的边缘向外拉出花瓣，注意用力要均匀，否则花瓣会长短不一。（图3~图5）

3. 挤完第1圈花瓣后，再挤第2圈花瓣，起始位置略往内一点，花瓣略短一点。（图6~图8）

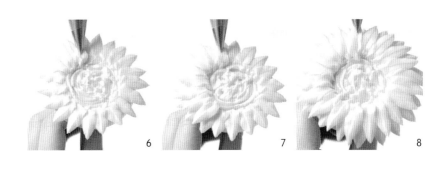

4. 最后用三能7061将中间空出的部分点满，做出花心。（图9~图12）

## ❋ 玫瑰花

花嘴介绍：示例所用花嘴为 Wilton 104 改造版，还可以用三能 7028 和三能 7029。

2. 再绕着这个底座挤一圈加固，在底座的尖端绕一圈挤出尖尖的花心。（图2~图6）

3. 然后挤出第一层的3片花瓣，将花心包住，每一片花瓣将前一片花瓣盖住一点，高度与花心差不多。（图7、图8）

4. 接着挤出第二层的5片花瓣，起始位置在第一层其中任意2片花瓣的相交处，每一片花瓣将前一片花瓣盖住一点，高度比第一层花瓣略矮一点。（图9~图11）

5. 最后挤出第三层的6~7片花瓣，起始位置在第二层其中任意2片花瓣的相交处，每一片花瓣将前一片花瓣盖住一点，高度比第二层花瓣略矮一点。（图12~图14）

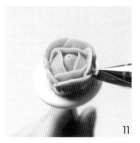

花嘴介绍：虞美人的花瓣较薄，只能用 Wilton 104 改造版，三能 7028 和三能 7029 无法替代。

## 制作过程

1. 花嘴垂直，挤出一个圆形的底。（图1）

2. 花嘴倾斜45°，窄头朝自己，宽头朝外，沿着圆底边缘，同时左手连续转动裱花钉，挤出一个整圈的花瓣。（图2、图3）

3. 然后从第一圈花瓣的任意地方开始，继续沿着圆底边缘，同时左手连续转动裱花钉，挤出一个半圈的花瓣。（图4）

4. 接着从这个半圈花瓣的末端开始，用同样的方法挤出第二个半圈的花瓣。（图5）

5. 最后用三能7061将中间空出的部分点满，做出花心。（图6~图9）

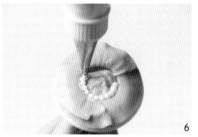

✳ 毛莨

花嘴介绍：示例所用花嘴为 Wilton 104 改造版，还可以用三能 7028 和三能 7029。

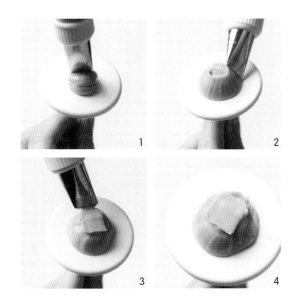

### 制作过程

1. 花嘴垂直，挤出一个球形的
   底座。（图1）

2. 再绕着这个底座挤一圈加
   固，在底座的顶部挤一片将
   其盖住。（图2~图4）

3. 花嘴倾斜45°，宽头朝自己，窄头朝外，挤出第一层的5片花瓣，将底座完全盖住，每一片花瓣的起始位置在前一片花瓣的1/2处。（图5~图8）

4. 接着挤出第二层的5片花瓣，每一片花瓣的起始位置在前一片花瓣的1/2处，第二层花瓣完成后可以很清楚地看到一个五边形。（图9、图10）

5. 然后挤出第三层的5片花边，每一片花瓣的起始位置在前一片花瓣的1/2处，并且每一片花瓣与第二层的这片花瓣平行。（图11、图12）

6. 以此类推，每层花瓣都是5片，并且与上一层的花瓣平行，层次非常分明而整齐。（图13）

7. 最后将花嘴立起，沿着花朵的底部绕一整圈。（图14~图16）

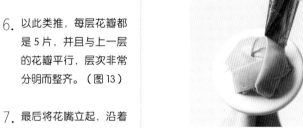

花嘴介绍：示例所用花嘴为 Wilton 104 改造版，还可以用三能 7028 和三能 7029。

1

2

3

## 制作过程

1. 花嘴垂直，挤出一个球形的底座。（图1）

2. 再绕着这个底座挤一圈加固，在底座的顶部挤一片将其盖住。（图2、图3）

3. 然后在这个底座上抖动挤出第一层花瓣，呈十字交叉形。（图4~图6）

4. 接着在十字交叉的四个90°夹角处，抖动挤出第2层花瓣。（图7~图10）

5. 再在空隙处不规律地抖动挤出更多的花瓣，直到把整个花做圆。（图11~图15）

4

5

6

7

8

9

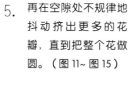

10

11

12

13

14

15

47

花嘴介绍：示例所用花嘴为 Wilton 101，如果想裱更小一号的玫瑰可以用 Wilton 101s。

## 制作过程

1. 花嘴倾斜 45°，宽头朝下，窄头朝上，同时左手转动裱花钉，挤出一个锥形的底座。（图1~图3）

2. 在底座的尖端绕一圈挤出尖尖的花心。（图4、图5）

3. 然后挤出第一层的3片花瓣，将花心包住，每一片花瓣将前一片花瓣盖住一点，高度与花心差不多。（图6~图8）

4. 接着挤出第二层的5片花瓣，起始位置在第一层其中任意2片花瓣的相交处，每一片花瓣将前一片花瓣盖住一点，高度比第一层花瓣略矮一点。（图9~图14）

花嘴介绍：示例所用花嘴为 Wilton 104 改造版，还可以用三能 7028 和三能 7029。

**制作过程**

1. 花嘴垂直，挤出一个锥形的底座。（图1、图2）

2. 再绕着这个底座挤一圈加固，在底座的顶部绕一圈挤出尖尖的花心。（图3~图6）

3. 花嘴口朝11点钟方向，宽头朝下，窄头朝上，挤出第一层的3片花瓣，将花心包住，每一片花瓣的起始位置在前一片花瓣的1/2处。（图7~图10）

4. 接着挤出第二层的5片花瓣，起始位置在第一层任意2片花瓣的相交处，每一片花瓣的起始位置在前一片花瓣的1/2处。（图11~图13）

5. 第二层5片花瓣挤完后，将花嘴口调整到12点钟方向，不限制花瓣数量，按照前面的方法和层次将整个花朵做圆即可。（图14~图16）

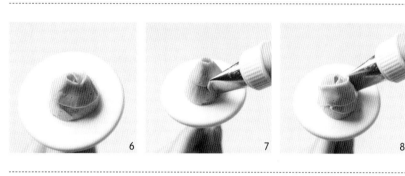

✿ 奥斯汀

花嘴介绍：示例所用花嘴为 Wilton 104 改造版，还可以用三能 7028 和三能 7029。

1

2

**制作过程**

1. 花嘴垂直，挤出一个球形的底座。（图1）

52 奥斯汀

2. 再绕着这个底座挤一圈加固，在底座的顶部挤一片将其盖住。（图2~图4）

3. 然后在这个底座上抖动挤出第一层花瓣，呈十字交叉形。（图5、图6）

4. 接着在十字交叉的4个90°夹角处，抖动挤出第二层花瓣，奥斯汀的花心部分与康乃馨前两层花瓣一样。（图7~图9）

5. 花嘴朝12点钟方向，宽头朝下，窄头朝上，按照多层玫瑰的方法挤出外层的花瓣，每一片花瓣的起始位置在前一片花瓣的1/2处，花瓣可以有一些自然的褶皱，不限制花瓣数量，将整个花朵做圆即可。（图10~图16）

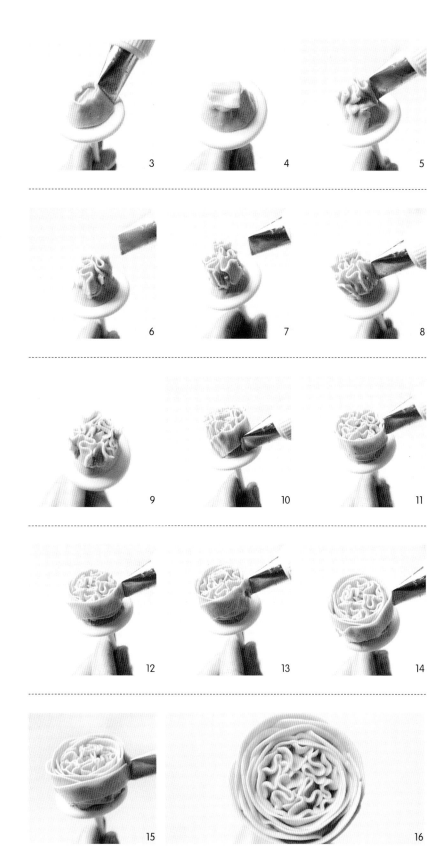

53

## ✿ 牡丹

花嘴介绍：示例所用花嘴为 Wilton 104 改造版，还可以用三能 7028 和三能 7029。

## 制作过程

1. 花嘴垂直，挤出一个锥形的底座。（图1、图2）

2. 再绕着这个底座挤一圈加固。（图3）

3. 花嘴宽头朝下，窄头朝上，在底座的顶部上下抖动，同时左手转动裱花钉挤出花心。（图4）

4. 花嘴口12点钟方向，右手上下自然抖动挤出花瓣，花瓣上形成自然的褶皱。（图5~图8）

5. 每一片花瓣的起始位置在前一片花瓣的1/2处，不限制花瓣数量，按照前面的方法和层次将整个花朵做圆即可。（图9~图12）

## ■绣球

花嘴: 示例所用花嘴为 Wilton 352。

### 制作过程

1. 花嘴垂直, 挤出一个竖着的小叶子形状花瓣。(图1)

2. 然后花嘴倾斜45°, 在竖着的小叶子花瓣的两侧挤出2个宽一些的叶子形状花瓣。(图2、图3)

3. 最后2片叶子形状花瓣稍微小一点, 与前面两片花瓣组成十字, 并且要略高于前面2片花瓣。(图4~图6)

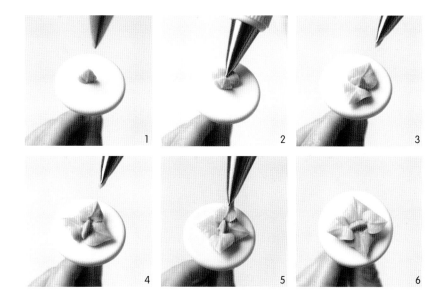

## ■菊花

花嘴: 示例所用花嘴为 Wilton 81。

### 制作过程

1. 花嘴垂直, 挤出一个球形底座。(图1)

2. 略侧一点垂直挤出中间的花蕊(5~6片)。(图2、图3)

3. 围绕花蕊一层一层挤出花瓣, 里面的花瓣略竖直。(图4、图5)

4. 通过调整花嘴的角度慢慢地将花瓣打开。(图6~图8)

注意: 花瓣要插缝排列, 不要并列排列。

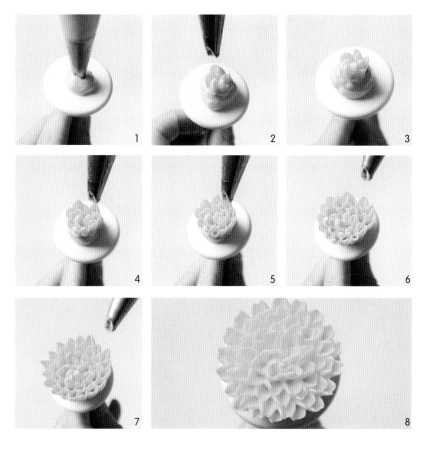

## ■花蕾

花嘴：示例所用花嘴为 Wilton 104 改造版，还可以用三能 7028 和三能 7029。

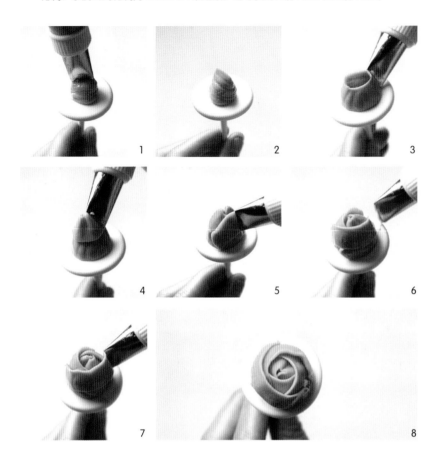

**制作过程**

1. 花嘴垂直，挤出一个锥形的底座，再绕着这个底座挤一圈加固。（图1~图3）

2. 在底座的顶部绕一圈挤出尖尖的花心。（图4）

3. 花嘴朝11点钟方向，宽头朝下，窄头朝上，挤出第一层的3片花瓣，将花心包住，每一片花瓣的起始位置在前一片花瓣的1/2处。（图5、图6）

4. 接着挤出第二层的2片花瓣，起始位置在第一层任意2片花瓣的相交处，每一片花瓣的起始位置在前一片花瓣的1/2处。（图7、图8）

---

## ■花骨朵

花嘴：示例所用花嘴为三能 7061。

**制作过程**

1. 花嘴垂直，挤出一个小圆柱体。（图1、图2）

2. 换另外一种颜色的奶油霜，将花嘴的尖端略扎入之前挤的圆柱体中，用力挤出奶油霜，让另外一种颜色的奶油霜从中间自然地透出来。（图3~图5）

## ■多肉植物（一）

花嘴：示例所用花嘴为 Wilton 352 和 Wilton 81。

### 制作过程

1. 花嘴倾斜 45°，V 形开口朝两侧，沿着裱花钉的圆周向外拉出花瓣，注意用力要均匀，否则叶片会长短不一。（图 1~ 图 3）

2. 挤完第一圈叶片后，再挤第二圈叶片，起始位置略往内一点，略短而翘一点。（图 4~ 图 6）

3. 第三圈叶片的起始位置更往内一点，更短更翘。（图 7、图 8）

4. 最后用 Wilton 81 将中间空出的部分挤满，接着花嘴垂直，挤出菊花花瓣状的短短的花心。（图 9~ 图 12）

60

## ■ 多肉植物（二）

花嘴：示例所用花嘴为三能 7061，还可以用 Wilton 1 或 3。

1. 花嘴垂直，挤出一个球形底座。（图1）

2. 从底座顶部开始挤出尖尖的小刺，慢慢的一层一层往下挤，直到把底座全部挤满。（图2~图9）

61

## ■多肉植物（三）

花嘴：示例所用花嘴为 Wilton 81。

1. 花嘴垂直，挤出一个球形底座。（图1）

2. 首先挤出顶部的叶片，围绕顶部的叶片一层一层往下挤，里面的叶片略竖直，通过调整花嘴的角度慢慢地将叶片打开。（图2~图6）

注意：叶片尽量插缝排列，不要并列排列。

---

## ■仙人球

花嘴：示例所用花嘴为 Wilton 352、三能 7016。

1. 花嘴垂直，挤出一个球形内部支撑底托，它是仙人球的基底，最好能做圆一点，这样仙人球整体形状才会比较饱满。（图1）

2. 花嘴 V 形开口朝自己，从圆形底托的底部开始往上运动，一直挤到圆形底托的顶部，重复这个动作直到把圆形底托全部包满。（图 2~图 9）

3. 最后用三能 7061、Wilton 352 白色奶油霜在每一根突起的棱上面点出仙人球的小刺。（图 10~图 15）

4

5

6

7

8

9

10

11

12

13

14

15

### 一、三原色和三间色

三原色：色彩中最基本的三种颜色（红、黄、蓝），其他任意颜色都可以由三原色混合调配出来，而三原色是其他颜色混合调配不出的。

三间色：三原色中任意两种颜色相加得到的颜色（橙、绿、紫）。

红 + 黄 = 橙

黄 + 蓝 = 绿

红 + 蓝 = 紫

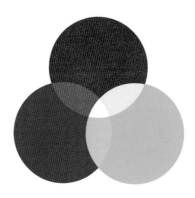

### 二、对比色

对比色是三原色的互补色，成对出现，有强烈的对比性。

红——绿

黄——紫

蓝——橙

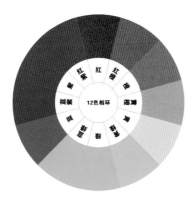

### 三、色彩的属性

色相：色彩的名称，即红色、黄色、蓝色等，用来辨别色彩的差异，是色彩的主要特征，人的肉眼可见的色相有750~1000万种。

明度：色彩的明暗程度，在所有色相中，白色明度最高，黑色明度最低。因此在不同的色相中加入白色可以提高明度，加入黑色可以降低明度。除了白色和黑色以外，黄色明度最高，紫色明度最低。

纯度：色彩的鲜艳程度，纯度高的颜色极其引人注意，纯度低的颜色朦胧而难以区分。

## 第二节 蛋糕配色原则

　　如果说裱花考验的是蛋糕师的基本功，那么配色则考验的是蛋糕师的审美。花朵做得再漂亮，配色不佳最后出来的作品也是一个失败品。有的人对色感和审美的把握天生就很敏锐，那么恭喜你，配色上你不需要花太多功夫。这方面稍微差一点的朋友就需要结合以下几个配色原则，多动手配色，多比较，多尝试，总有一天你也能成为配色达人。

　　推荐使用 sugarflair 的色膏，个人认为是能最好地与奶油霜融合的色素。

### 一、渐进配色

同一颜色通过加白色奶油霜调成明度不同的几个渐进色，三个过度就能构成一组渐进配色。

作品示例：

所用到的花嘴包括 Wilton 101（迷你玫瑰）、Wilton 352（叶子）、Wilton 8（珍珠边）、三能 7061（藤蔓）。

蛋糕上的花朵通过深橘红色加白色奶油霜调成三个过度，构成一组渐进配色。

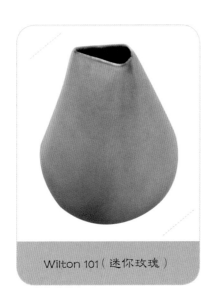

Wilton 101（迷你玫瑰）

Wilton 352（叶子）

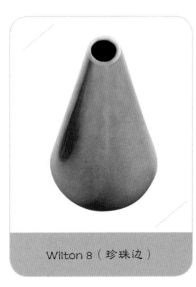

Wilton 8（珍珠边）

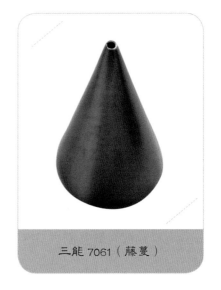

三能 7061（藤蔓）

## 二、对比配色

红——绿

黄——紫

蓝——橙

做对比配色的对比色的明度和纯度必须在一个区间内，比如用粉红配粉绿比用粉红配墨绿要看着舒服得多。

作品示例：

所用到的花嘴包括三能 7028（玫瑰）、Wilton 352（叶子）、三能 7064（珍珠边）、三能 7061（花骨朵），蛋糕上的花朵做了红绿的对比配色。

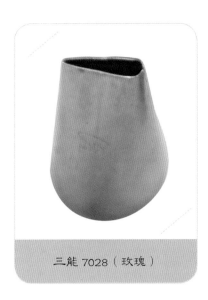

三能 7028（玫瑰）

Wilton 352（叶子）

三能 7064（珍珠边）

三能 7061（花骨朵）

示例

69

### 三、重点配色

在低纯度或中等纯度的花朵中点缀少量深色或艳丽的花朵做一个跳跃。

作品示例：

所用到的花嘴包括 Wilton 104 改造版（玫瑰）、Wilton 352（叶子）、三能 7061（花骨朵），在中等明度和纯度的黄绿、橘红、橘黄的花朵中点缀了一朵深紫色的花朵，重点突出。

Wilton 104 改造版（玫瑰）

Wilton 352（叶子）

三能 7061（花骨朵）

## 四、韩式小清新配色

全部都是粉色系的配色。

作品示例：

所用到的花嘴包括 Wilton 101（小雏菊）、Wilton 352（叶子）、三能 7061（藤蔓），4 种颜色的小雏菊都是比较淡而明快颜色，整体感觉干净清新。

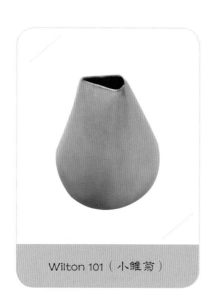

Wilton 101（小雏菊）

Wilton 352（叶子）

三能 7061（藤蔓）

注意：
需要注意颜色数量的控制，在一个蛋糕上除了叶子的绿色和白色，最好不超过4种颜色，多了则会显得杂乱无章。
叶子的颜色须根据花的配色来定，浅花配浅叶子，深花配深叶子。抹面的颜色可以是白色，也可以是花朵颜色的其中一种或花朵颜色其中一种的对比色。

# 第三节 花朵蛋糕的布局形式

除了配色，花朵的布局和摆放也非常重要，整体构图的和谐能为蛋糕增色。一般来说花朵的布局形式有以下几种：

## 一、中间布局型
花朵全部集中在蛋糕的中间，四周可以用小花装饰或留白。

作品示例：

所用到的花嘴包括 Wilton 101（迷你玫瑰）、Wilton 352（叶子）、三能 7061（满天星、蕾丝、侧面圆点、珍珠边），紫色的迷你玫瑰花球集中在蛋糕的中间，空白部分装饰蕾丝花边和珍珠边。

Wilton 101（迷你玫瑰）

Wilton 352（叶子）

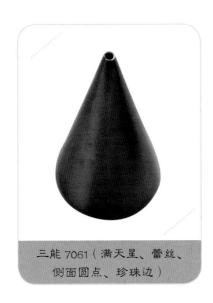

三能 7061（满天星、蕾丝、侧面圆点、珍珠边）

## 二、半花布局型

花朵集中在蛋糕的一边，看上去像一个弯弯的月亮，花朵可以延续摆放到蛋糕的侧面，也可以侧面留白。

作品示例：

所用到的花嘴包括三能 7028（芍药）、Wilton 352（叶子）、三能 7061（花骨朵）、三能 7064（珍珠边），所有花朵都集中在蛋糕的一边，摆放花朵的时候要注意花朵的方向，外侧的花朵要朝外，内侧的花朵要朝内，方向正好相反，这样更有立体感。

三能 7028（芍药）

Wilton 352（叶子）

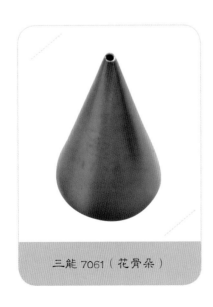

三能 7061（花骨朵）

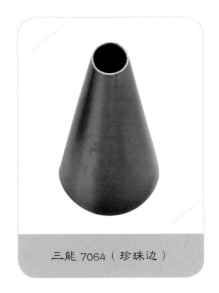

三能 7064（珍珠边）

### 三、花环布局型

花朵摆放成一个环形，中心留白。

作品示例：

所用到的花嘴包括 Wilton 104 改造版（底边缎带和蝴蝶结）、Wilton 352（叶子和绣球）、三能 7028（玫瑰和雏菊）、三能 7061（花心），玫瑰、雏菊、绣球 3 种花朵摆放成一个环形，中心留白，底边装饰缎带和蝴蝶结。

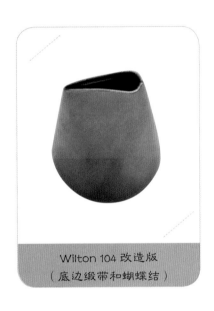

Wilton 104 改造版
（底边缎带和蝴蝶结）

Wilton 352（叶子和绣球）

三能 7028（玫瑰和雏菊）

三能 7061（花心）

**四、满花布局型**

花朵布满整个蛋糕，蛋糕侧面可以做一些简单的装饰或留白。

作品示例：

所用到的花嘴包括三能 7028（玫瑰）、Wilton 352（叶子）、三能 7061（蕾丝）、三能 7064（珍珠边）、Wilton 363（侧面欧式花边），渐进的蓝色玫瑰布满整个蛋糕，侧面装饰欧式花边和蕾丝花边，底边装饰珍珠边。

三能 7028（玫瑰）

Wilton 352（叶子）

三能 7061（蕾丝）

三能 7064（珍珠边）

Wilton 363
（侧面欧式花边）

# 第五章
## 佳作欣赏

学习了前四章的内容，相信读者对奶油霜的性状、基础花嘴的运用和奶油霜花卉已经有了初步的认识。这一章选取的几个作品所涉及的花嘴都是本书所介绍过的，并且结合前面的内容，也有一些问题让读者思考。

**问题**

1. 请结合菊花和多肉植物（二）的挤法，思考一下荷花是怎么挤出来的。

2. 请尝试自己改造国产Wilton 104 花嘴，试着挤出荷叶。

**解析**

1. 挤荷花的花嘴和挤菊花、多肉植物（二）的一样（Wilton 81），同样也是将花嘴向上提拉挤出花瓣。第一层花瓣5~6片，第二层花瓣插空挤，挤2~3层花瓣，花瓣比较厚实。中间的花心用三能7061先挤一个绿色的大圆球，再换黄色的奶油霜点上小点。

2. 荷叶的叶片比较薄，需要用改造后的Wilton 104，用挤五瓣花的方法，但中间不要断开，围绕圆心挤一圈，叶片上有自然的褶皱。

心形花环

**问题**

1. 此蛋糕的配色原则和花朵布局分别是什么?

2. 思考一下玫瑰花用的是什么花嘴, 以及玫瑰花的花瓣排列。

3. 尝试花环蛋糕的摆花, 注意花朵的摆放方向。

**解析**

1. 这个蛋糕的配色原则是渐进配色, 通过向玫红色里面加不同量的白色奶油霜调成明度和颜色产生过度的粉色, 构成一组渐进配色。

2. 这个蛋糕上的玫瑰花使用的花嘴是三能7028, 大家仔细观察玫瑰的花瓣排列可以找到其规律, 除第一层花瓣为 3 片, 第二层和第三层花瓣都是 5 片, 并且花瓣是平行排列的, 请大家动手试试。

3. 花环蛋糕摆花时, 外圈的花朵要向外侧开放, 内圈的花朵要向内侧开放, 底部都需要用奶油霜将其粘在蛋糕上, 内圈的花朵相对外圈的要小一点, 这样更有立体感。

栅栏

86

刷绣不是本书介绍的内容，制作方法请大家在互联网上查询，百度搜索"糖霜刷绣"即可。刷绣相关的技法也可以用奶油霜来实现，该作品是想启发大家的思维，将多种元素运用到裱花蛋糕上。

青花瓷

圣诞花环

**问题**

　　1. 请大家结合菊花和多肉植物（二）的挤法，思考一下咖啡色松果是怎么挤出来的。

　　2. 请大家结合向日葵和多肉植物（一）的挤法，思考一下红色和白色的圣诞百日红是怎么挤出来的。

　　3. 请大家结合多肉植物（三）的挤法，思考一下绿色松树枝是怎么挤出来的。

**解析**

　　1. 挤松果的花嘴和挤多肉植物（二）的一样（Wilton 81），挤法也和多肉植物（二）类似，只是底座不需要太高，层次也不需要太密集，从上到下一层一层挤满即可。

　　2. 挤圣诞百日红的花嘴与挤向日葵和多肉植物（一）的一样（Wilton 352），花瓣分为两层，第一层6片花瓣，第二层也是6片，第二层的花瓣要位于第一层2片花瓣的夹角处。

　　3. 挤松树枝的花嘴和挤多肉植物（三）的一样（三能7061），挤法也和挤多肉植物（三）类似，但需要把每根小刺拉长，并向左右两个方向挤。

多肉盆栽

多肉盆栽

**问题**

　　请大家多观察真实多肉的颜色，思考一下多肉植物上的双色（多色）是怎么实现的。

**解析**

　　双色（多色）混色有以下两种方法：

　　1.将需要混色的两种（多种）颜色的奶油霜放在一个碗中，用橡皮刮刀大致混合，千万不要搅拌太久，否则颜色会完全融合，无法出现混色效果；再将大致混合好的奶油霜装在一个裱花袋里，挤出来就是混色的效果。

　　2.第二种方法更简便，将需要混色的两种（多种）颜色的奶油霜各取需要的量装在一个裱花袋中，用手稍微揉一下，使其自然混色即可。

**问题**

　　1. 此蛋糕的配色原则和花朵布局分别是什么?

　　2. 思考一下五瓣花和雏菊这样的平面花朵如何摆放在蛋糕上?

**解析**

　　1. 此蛋糕的配色原则为小清新配色,乳白、粉红和抹面的浅蓝。花朵布局为花环布局型,五瓣花和雏菊间隔摆放成花环。

　　2. 将五瓣花和雏菊这样的平面花朵摆放在蛋糕上,需要将油纸剪成小方块,用奶油霜粘在裱花钉上,将花裱在油纸上,再将油纸连同花一起移下来放在烤盘中,放入冰箱冷冻至硬,最后将油纸撕下就可以将花摆放在蛋糕上了。

粉色渐变花环

小清新渐变花环

紫色渐变花环

问题

1. 这三个蛋糕的配色原则和花朵布局是什么?

2. 双圈花环的花朵摆放需要注意什么?

解析

1. 粉色渐变花环和紫色渐变花环是渐进配色, 小清新玫瑰花环是韩式小清新配色, 三个蛋糕都是花环布局型。

2. 双圈花环的花朵摆放需要注意花朵的方向, 外圈花朵朝外, 内圈花朵朝内, 将奶油霜挤在蛋糕上, 把花朵垫起来。一般摆放四五朵外圈的花朵后, 开始摆放内圈的花朵, 内圈的花朵始终不超过外圈的花朵。